KIMIA UNSUR

THE TABLE PERIODIK

Benda-benda hampir tak terbatas dan bahan-bahan di sekitar kita yang sebenarnya terdiri dari hanya sejumlah unsur kimia . Kita tahu bahwa hari 91 ada secara alami di Bumi. Mereka mulai dengan hidrogen yang dibentuk tak lama setelah alam semesta muncul . Yang lainnya 90 dibuat baik oleh reaksi nuklir yang terjadi di inti bintang pembakaran atau ledakan bencana yang disebut supernova yang kadang-kadang dihasilkan ketika bintang-bintang mati. Beberapa unsur yang lebih dibuat secara artifisial di laboratorium .

Setiap elemen berperilaku berbeda dan memiliki sifat yang berbeda dari semua yang lain . Sebuah sistem pengorganisasian informasi tentang sifat-sifat kimia unsur-unsur dan senyawa kimia mereka membentuk sangat penting . Tabel periodik modern didasarkan terutama pada karya kimiawan Rusia Dmitry Mendeleyev yang tabel diterbitkan pada tahun 1869 menempatkan elemen dalam baris horisontal sesuai dengan berat badan mereka dengan satu baris di bawah yang lain sehingga semua elemen dengan sifat yang sama jatuh ke kolom vertikal . Pada abad ke-20 dengan pengetahuan yang didapat tentang struktur atom , cara yang benar memesan unsur ditemukan dan tabel periodik ini dirumuskan .

Atom terdiri dari proton , neutron dan elektron merupakan komponen dasar dari unsur-unsur . Fisikawan Inggris Henry Moseley menunjukkan bahwa apa yang menentukan perilaku setiap elemen adalah nomor yang atom , jumlah proton pada intinya , tidak berat atom yang merupakan ukuran dari jumlah proton dan neutron dalam inti . Cara yang benar memesan unsur-unsur dalam tabel periodik karena itu dengan nomor atom mereka . Meskipun atom dari elemen tertentu memiliki jumlah proton yang sama mereka dapat memiliki jumlah neutron yang berbeda . Ini disebut isotop dan keberadaan mereka menjelaskan mengapa berat atom merupakan indikator yang tidak dapat diandalkan posisi unsur dalam tabel periodik .

Unsur-unsur disusun dalam urutan nomor atom mereka dalam baris yang disebut periode . Pindah dari kiri ke kanan melintasi periode , ada transisi dari elemen yang logam untuk mereka yang non - logam . Kolom vertikal dari tabel periodik disebut kelompok . Semua elemen dalam suatu kelompok memiliki sifat kimia yang mirip dan kadang-kadang disebut sebagai keluarga elemen .

MENGAPA UNSUR DALAM KELOMPOK MEMILIKI SERUPA KIMIA PERILAKU

Nomor atom menentukan berapa banyak elektron bermuatan negatif yang terkandung dalam atom dari elemen tertentu dan itu adalah struktur elektron mengorbit inti yang menentukan bagaimana unsur-unsur bereaksi dengan satu sama lain . Ini distribusi elektron valensi dalam , atau luar , shell atom terkena atom lain ketika mereka bereaksi . Elemen yang valensi kerang yang benar-benar penuh sangat stabil dan tampaknya bereaksi dengan hampir tidak ada lagi . Mereka dengan kerang lengkap akan cenderung bereaksi dengan atom lain dengan cara yang akan menyelesaikan kerang ini . Atom dengan konfigurasi valensi - shell yang sama memiliki sifat kimia yang mirip . Unsur-unsur dalam kelompok yang sama dalam tabel periodik memiliki jumlah yang sama elektron valensi .

Tabel periodik kemudian adalah peta dari cara di mana elektron mengatur diri dalam atom dari elemen tertentu . Kemampuan untuk memprediksi sifat kimia dari sebuah unsur berdasarkan baris dan kolom di mana ia ditemukan membuat tabel periodik alat referensi berharga bagi para praktisi ilmu pengetahuan .

HIDROGEN
Nomor atom : 1
Simbol Kimia : H
Kelompok : 1A

Hidrogen terdiri dari tidak lebih dari sebuah proton tunggal , yang berfungsi sebagai intinya , dikelilingi oleh elektron tunggal . Kesederhanaan membantu menjelaskan mengapa ia adalah jauh unsur yang paling melimpah , membuat 93 % dari semua atom di alam semesta . Hidrogen adalah gas yang tidak memiliki bau atau rasa , benar-benar tidak berwarna dan sangat flammable.The kombinasi hidrogen dengan oksigen menghasilkan senyawa yang paling umum, water.Hydrogen juga terkandung dalam senyawa organik , senyawa biologis hadir dalam organisme hidup , dalam parfum , pewarna , pestisida , DNA dan protein ! Daftar berjalan dan terus!

HELIUM
Nomor atom : 2
Simbol Kimia : Dia
Grup VIII A- Gas mulia

Seperti semua gas mulia , helium tidak berwarna dan odourless.Together hidrogen dan helium membentuk menakjubkan 99,9 % unsur di alam semesta . Namanya berasal dari bahasa Yunani ' helios ' yang berarti ' matahari ' . Helium dari matahari dihasilkan oleh fusi hidrogen . Reaksi ini memasok energi yang matahari memancarkan ke ruang angkasa . Helium memiliki kepadatan rendah dan karena itu berguna dalam balon udara dan balon mainan untuk apung di air.Astrnomers menggunakan cairan yang sangat dingin dari helium untuk menghilangkan panas ' noise ' sehingga lebih mudah dan lebih dapat diandalkan untuk menerima data dari galaksi jauh .

LITHIUM
Nomor atom : 3
Simbol Kimia : Li

Kelompok logam IA - The Alkali

The lithium metal sangat reaktif dan menggabungkan dengan aluminium untuk membentuk kepadatan rendah , paduan struktural yang kuat yang digunakan dalam pesawat dan pesawat ruang angkasa . Hal ini juga digunakan sebagai terminal positif atau anoda pada baterai kecil yang digunakan dalam kamera , alat pacu jantung dan kalkulator . Lithium hidroksida adalah pembersih udara yang sangat efisien . Menyerap CO_2 dari udara untuk membentuk lithium karbonat . Lithium memiliki kapasitas panas tertinggi dari setiap elemen . Properti ini membuat materi perpindahan panas yang ideal dan itu digunakan dalam reaktor nuklir eksperimental untuk menyerap panas yang dihasilkan oleh reaksi fisi dari uranium .
Dalam pengobatan lithium karbonat dan lithium sitrat dikenal sebagai stabilisator suasana hati yang sangat efektif dalam penyakit manik - depresif .

BERYLLIUM
Nomor atom : 4
Simbol Kimia : Be
Kelompok IIA - The Alkaline Earth Logam

Dalam bentuk murni , Berilium sangat ringan , cukup keras , metal abu-abu putih . Seperti semua logam yang membentuk kelompok alkali tanah , jauh terlalu kimia reaktif dapat ditemukan dalam keadaan bebasnya . Simpanan dari berilium mineral didistribusikan melalui Brazil , Argentina , dan Amerika Serikat . Kristal berilium dikenal karena penampilan indah mereka. Kedua zamrud dan aquamarine yang terjadi secara alami bentuk berharga mineral ini . Berilium memainkan peran kunci dalam penemuan neutron pada tahun 1932 dan tetap berguna dalam penelitian tentang inti atom .

Boron
Nomor atom : 5
Simbol Kimia : B
Kelompok III A

Boron adalah , rapuh , unsur non -logam keras . Hal ini biasanya terikat dengan oksigen , air dan natrium dalam senyawa yang disebut boraks yang digunakan sebagai agen pembersih dan pelembut air . Ketika air melunak , magnesium dan kalsium diganti dengan natrium relatif tidak berbahaya dan Kalium . Senyawa boron lainnya adalah borat nilai bagus digunakan industri untuk membuat Pyrex , sebuah kaca tahan panas khusus yang digunakan dalam dapur . ' Batang ' Boron sangat penting dalam pemanfaatan reaktor nuklir . Mereka dapat diturunkan ke dalam reaktor untuk menyerap neutron sehingga mengendalikan daya yang dihasilkan oleh reaktor .

KARBON
Nomor atom : 6

Simbol kimia : C
Kelompok IV A

Carbon hanya mewakili 0,09 % dari kerak bumi oleh massa , namun itu adalah unsur yang paling penting bagi kehidupan di planet kita . Karbon berutang posisi sentral dalam dunia organik dengan kemampuan atom untuk menghubungkan dengan atom karbon lain untuk membentuk rantai panjang yang baik lurus atau bercabang . Satu seperti molekul panjang dirantai dalam DNA ditemukan dalam bahan genetik dari semua makhluk hidup . Elemen bisa eksis dalam beberapa bentuk alami yang disebut alotrop . Karbon ditemukan dalam bentuk allotropic dari grafit , batubara dan paling spektakuler diamond .

NITROGEN
Nomor atom : 7
Simbol kimia : N
Kelompok V A

Nitrogen memiliki setiap properti stimulasi rasa dan kami terus bernapas dalam jumlah besar seperti yang kita menghirup udara . Ini mendominasi gas dalam membuat atmosfer bumi beberapa 78 % volume . Bentuk Nitrogen ratusan ribu senyawa yang sangat penting untuk pertanian dan industri yang paling penting adalah amonia . Dalam bentuk gas , nitrogen sering digunakan dalam situasi di mana itu penting untuk menjaga lain , gas atmosfer lebih reaktif pergi. Misalnya, untuk mencegah oksidasi anggur , botol anggur sering diisi dengan nitrogen setelah gabus dihapus .

OKSIGEN
Nomor atom : 8
Simbol kimia : O
Grup VI A

Oksigen ada di atmosfer dalam air , dan di kerak bumi dalam berbagai variasi batuan dan mineral . Hal ini penting untuk kehidupan dan bagian dari setiap molekul biologis dalam tubuh kita . Meskipun banyak proses alam mengkonsumsi oksigen , itu terus-menerus diisi ulang oleh fotosintesis pada tumbuhan sehingga terus dikonsumsi dan terus diproduksi . Kimiawan Inggris Joseph Priestley dikreditkan dengan penemuan oksigen . Dia dipanaskan oksida merkuri dan mencatat bahwa gas itu memberi off menyebabkan lilin untuk membakar dengan nyala yang sangat brilian . Gas adalah oksigen !

ftor
Nomor atom : 9
Simbol kimia : F

Grup VII A- The Halogen

Fluor adalah yang terkecil , teringan dan halogen yang paling reaktif . Semua atom dalam kelompok ini mudah menggabungkan dengan logam untuk membentuk garam . Di banyak bagian dunia sodium fluoride ditambahkan ke pasokan air publik . Penelitian telah menunjukkan bahwa sejumlah kecil fluor dapat menghambat pengembangan rongga pada gigi . Di hadapan hidrogen , fluor membakar dengan kekuatan ledakan memproduksi hidrogen fluorida yang bila dilarutkan dalam bentuk air asam fluorida . Hal ini sangat berbahaya . Namun, digunakan untuk melarutkan kaca dan digunakan untuk etch desain pada objek gelas .

NEON
Nomor atom : 10
Simbol kimia : Ne
Grup VIII A- The Noble Gas

Neon seperti semua gas mulia adalah monoatomik . Tanda-tanda neon akrab dalam etalase dan restoran jendela mengandung gas neon yang terpancar ketika diberi energi dengan mengalirkan listrik . Ketika ini terjadi , atom neon dalam gas melepaskan radiasi dalam bentuk cahaya oranye - merah . Gas yang berbeda digunakan untuk menghasilkan tanda-tanda colurs berbeda . Setiap gas saat senang memancarkan warna karakteristik sendiri . Neon komersial diproduksi di pabrik udara pencairan . Karena neon memiliki titik didih -229 derajat Celsius , tetap sebagai residu setelah lebih tidak stabil nitrogen dan oksigen telah direbus off!

SODIUM
Nomor atom : 11
Simbol kimia : Na
Grup IA - The Alkali Logam

Sodium adalah cahaya keperakan logam terang sangat reaktif yang cukup untuk mengapung di atas air dan cukup lunak untuk dipotong dengan pisau . Ini adalah bagian dari banyak senyawa penting yang ditemukan secara luas didistribusikan ke seluruh bumi . Natrium klorida , nama kimia untuk garam meja ditambang dalam jumlah besar dari endapan garam alami . Sodium bikarbonat umumnya dikenal sebagai baking soda digunakan untuk membuat kenaikan dipanggang bila dipanaskan atau kue adonan naik saat dipanggang . Hal ini juga digunakan untuk menetralkan keasaman lambung yang berlebihan dan sebagai agen dalam alat pemadam kebakaran .

MAGNESIUM
Nomor atom : 12
Simbol kimia : Mg
Kelompok II A- The Alkaline Earth Logam

Magnesium hadir dalam jumlah besar seperti di air laut yang lautan dunia mengandung pasokan hampir tak terbatas dari bahan terlarut . Keuntungan besar adalah bahwa hal itu sangat ringan yang juga membuatnya ideal untuk fabrikasi mobil dan pesawat bagian, alat-alat listrik , perumahan mesin pemotong rumput dan sepeda balap . Magnesium juga penting untuk nutrisi yang tepat pada manusia karena sangat penting untuk berfungsinya beberapa enzim . Ini juga memainkan peran penting dalam make-up dari klorofil hijau hadir di semua sel tumbuhan hijau .

ALUMINIUM
Nomor atom : 13
Simbol kimia : Al
Kelompok III A

Biasanya ditemukan di alam dikombinasikan dengan oksigen , aluminium merupakan logam yang paling melimpah di kerak bumi . Hal ini ringan dan baik konduktor listrik , dua sifat yang membuatnya bahan yang ideal untuk berbagai macam produk . Ini adalah reflektor yang sangat baik dari radiasi dan digunakan untuk berbagai jenis antena , reflektor panas , dan cermin surya . Di luar sifat-sifat lainnya , aluminium cukup reaktif . Ia membentuk lapisan oksida yang mencegah dari reaksi lebih lanjut dengan lingkungan sehingga biasanya dianggap tahan korosi . Aluminium juga tidak beracun , tidak berbau dan berasa .

SILICON
Nomor atom : 14
Kimia Simbol : Si
Kelompok IV A

Senyawa silikon terikat secara kimia untuk oksigen membentuk sebagian besar dari bumi pasir , batu dan tanah . Hari silikon membentuk dasar dari industri mikroelektronika . Penggunaan chip silikon dalam sirkuit cetak telah memungkinkan ruang menyusut yang berukuran komputer menjadi orang yang dapat beristirahat di pangkuan Anda . Senyawa silikon paling penting adalah silika yang ada dalam dua bentuk - kuarsa dan batu api . Permata kecil dan batu semi mulia adalah kristal kuarsa dengan kotoran berwarna . Silika digunakan dalam produksi kaca . Keramik dan silikon adalah kelas penting lainnya senyawa berbasis silikon .

PHOSPHORUS
Nomor atom : 15
Simbol kimia : P
kelompok VA

Fosfor ditemukan oleh dokter Hennig Brand pada 1669. Dia suling residu dari direbus urine dan memperoleh sesuatu yang bersinar dalam gelap dan terbakar di udara hangat.

Fosfor dan emisi cahaya masih terkait dalam fenomena yang dikenal sebagai pendar . Seng sulfida adalah bahan berpendar yang memberikan off scintillations cahaya bila dipukul oleh elektron bergerak cepat . Efek ini pada lapisan tabung televisi menghasilkan gambar TV . Hampir semua fosfor yang digunakan secara komersial adalah untuk membuat asam fosfat . Penggunaan utamanya adalah dalam produksi pupuk - tanah tanpa fosfor mandul . Umumnya ditemukan dalam dua bentuk yaitu merah dan kuning , mantan digunakan untuk membuat keamanan pertandingan .

BELERANG
Nomor atom : 16
Simbol kimia : S
Grup VI A

Sulphur adalah reaktif non - logam yang ditemukan di alam baik dalam keadaan unsur bebas dan dalam bentuk bijih dan mineral didistribusikan secara luas . Beberapa mineral umum Sulphur adalah gypsum yaitu kalsium sulfat dan pirit sering dikenal sebagai ' bodoh emas ' . Selain pentingnya mereka dalam membuat pupuk buatan , melestarikan makanan , pemutihan tekstil dan membersihkan logam , senyawa Sulphur memiliki ratusan kegunaan lain dalam memulihkan logam dari bijih , membuat karet , deterjen , cat dan pewarna , dan serat sintetis . Memang tingkat bangsa pembangunan industri ditentukan oleh konsumsi per kapita dari Sulphur .

CHLORINE
Nomor atom : 17
Simbol kimia : Cl
Grup VII A- The Halogen

Klorin adalah gas diatomik kekuningan hijau beracun . Menghirup bahkan sejumlah kecil dapat menyebabkan kerusakan paru-paru serius . Toksisitas chorine membuatnya menjadi disinfektan yang sangat baik untuk kolam renang dan pasokan air . Suatu senyawa penting klorin adalah hidrogen klorida , gas yang larut dalam air untuk menghasilkan asam klorida . Asam klorida hadir dalam jus lambung perut mana diperlukan untuk mengaktifkan protein enzim pengolah . Sejumlah besar klorin telah digunakan untuk memproduksi insektisida . Banyak telah baru-baru ini dilarang karena mereka dianggap sebagai polutan lingkungan .

ARGON
Nomor atom : 18
Simbol kimia : Ar
Grup VIII A- The Noble Gas

Pada tahun 1894 , argon menjadi gas mulia pertama yang ditemukan . Aplikasi komersial memanfaatkan kurangnya reaktivitas . Argon merupakan produk peluruhan radio - isotop penting yang digunakan untuk kencan sampel batuan , teknik potasium - 40.The disebut - potasium argon . Kalium memiliki paruh yang sangat panjang dari 1,25 miliar tahun dan hadir di banyak batu . Ketika kalium 40 meluruh , itu berubah menjadi argon . Akibatnya seseorang dapat menentukan umur batuan dengan menentukan berapa banyak argon hadir . Batuan tertua di bumi telah ditentukan oleh metode ini sama tuanya 3,8 miliar tahun .

POTASSIUM
Nomor atom : 19
Simbol Kimia : K
Grup IA The Alkali Logam

Kalium sangat reaktif sehingga tidak pernah ditemukan dalam keadaan bebas di alam . Hal ini ditemukan dalam air laut , meskipun dalam jumlah yang lebih kecil dari natrium , setara kimianya . Kalium sangat penting untuk pertumbuhan tanaman begitu banyak kalium dalam mineral terlarut diambil oleh tanaman sebelum mencapai laut . Sebuah isotop alami dari kalium adalah potssium - 40.Human tubuh mengandung 140 gram potassium . Karena kelimpahan kalium - 40 adalah 0,012 persen , kita semua sebagian terdiri dari isotop reaktif ini . Ini merupakan penyumbang utama untuk dosis hidup kita dari radiasi

KALSIUM
Nomor atom : 20
Simbol Kimia : Ca
Kelompok II A- The Earth Alkali Logam

Kalsium merupakan unsur penting bagi berbagai organisme hidup . Gigi manusia dan tulang mengandung kalsium dan organ kelautan membangun cangkangnya kalsium karbonat . Lime , suatu senyawa kalsium adalah zat kimia industri yang penting . Salah satu kegunaan awal dalam pencahayaan teater . Ketika kapur dipanaskan sampai suhu tinggi , memberikan off cahaya putih kebiruan intens . Itu digunakan pada awal abad ke-19 untuk menerangi aktor menimbulkan frase ' di pusat perhatian . " Mungkin penggunaan modern yang paling penting dari kapur adalah dalam produksi besi dari bijih nya .

skandium
Nomor atom : 21
Kimia Simbol : Sc
Kelompok III B Pertama Row Transisi Elemen

Skandium mengepalai unsur transisi baris pertama . Semua adalah logam yang cukup aktif dan banyak yang sangat berbahaya . Skandium adalah logam berat yang sangat ringan dengan titik leleh yang cukup tinggi dan menunjukkan ketahanan yang baik terhadap korosi . Properti ini telah membuat menarik bagi industri kedirgantaraan untuk konstruksi pesawat terbang . Skandium membentuk beberapa senyawa yang berguna . Logam itu sendiri telah menemukan beberapa digunakan dalam perangkat elektronik seperti lampu intensitas tinggi yang menghasilkan cahaya dengan nilai warna dekat dengan sinar matahari alami . Lampu jenis ini sering digunakan untuk menerangi stadion sepak bola .

TITANIUM
Nomor atom : 22
Simbol kimia : Ti
Kelompok IV B Pertama Row transisi Elemen

Titanium dalam keadaan murni merupakan logam yang mudah untuk bekerja dan cukup ulet atau mampu ditarik menjadi kawat . Meskipun ringan , itu adalah luar biasa kuat dan hampir kebal terhadap jenis biasa kelelahan logam . Ia juga memiliki ketahanan yang luar biasa terhadap korosi sehingga memiliki setiap properti yang dibutuhkan untuk membuat bahan yang ideal untuk mesin jet dan roket . Senyawa yang paling penting adalah titanium dioksida zat dengan warna putih cemerlang intens yang digunakan sebagai pigmen untuk cat , kertas dan plastik .

VANADIUM
Nomor atom : 23
Simbol kimia : V
Kelompok VB Pertama Row Transisi Elemen

Vanadium adalah logam mengkilap terang yang cukup lembut dan sangat tahan terhadap korosi . Seorang profesor Meksiko mineralogi yaitu Andres Manuel del Rio menemukan vanadium pada tahun 1801 . Ia kemudian dinamai dewi Skandinavia Vanadis karena banyak senyawa yang berwarna indah . Sekitar 80 % dari vanadium diproduksi di Amerika Serikat masuk ke dalam pembuatan baja .

KROMIUM
Nomor lemah : 24
Kimia Simbol : Cr
Grup VI B Pertama Row Transisi Elemen

Kromium dinamai dari kata Yunani ' kroma ' berarti warna . Warna yang indah dari banyak permata berharga - merah rubi , hijau karakteristik dari zamrud - adalah karena adanya jumlah jejak kromium . Logam ini biasanya diekstrak dari kromit , oksida kromium yang bijih yang paling penting . Bila terkena udara , kromium membentuk oksida tak terlihat yang membuatnya sangat tahan terhadap korosi dan sangat berguna baik sebagai lapisan dekoratif dan pelindung di atas logam lain seperti kuningan , perunggu dan baja . Kromium juga digunakan untuk memproduksi stainless steel .

MANGAN
Nomor atom : 25
Simbol kimia : Mn
Grup VII B Pertama Row Transisi Elemen

Mangan adalah logam abu-abu putih keras yang terlihat seperti dan memiliki banyak sifat yang mirip dengan besi . Menambahkan mangan baja membuat adalah luar biasa keras dan tahan terhadap guncangan . Baja tersebut sangat ideal untuk digunakan dalam barel senapan , brankas bank , rel kereta api , dan peralatan bergerak bumi . Mangan juga menambahkan kekerasan, kekuatan dan ketahanan korosi paduan aluminium dan magnesium . Senyawa kalium permanganat memiliki warna keunguan yang kadang-kadang terlihat di kaca antik . Meskipun produsen kaca tidak lagi menggunakan mangan , kemampuannya untuk mewarnai obyek digunakan untuk mencerahkan keramik dan tembikar .

IRON
Nomor atom : 26
Simbol kimia : Fe
Grup VIII B Pertama Row Transisi Elemen

Besi mungkin adalah logam yang paling umum dalam masyarakat manusia . Apakah kita menggunakan obeng atau mengendarai mobil atau kereta api , pentingnya dan kegunaan besi sebagai bahan struktural adalah bukti diri . Interior bumi yang dikenal sebagai inti terbuat dari besi cair . Kemampuan untuk memperbaiki logam menjabat sebagai tonggak utama dalam pembangunan manusia yang dikenal sebagai Zaman Besi (1000 SM) . Its memimpin penemuan untuk alat dan senjata yang lebih keras dan lebih tahan lama dibandingkan dengan Zaman Perunggu . Saat ini lebih dari 90 % dari semua logam halus adalah besi .

COBALT
Nomor atom : 27
Simbol kimia : Co
Grup VIII B Pertama Row Transisi Elemen

Sebuah bijih utama kobalt adalah cobaltite . Logam murni diperoleh dengan pemanggangan bijih ini . Nama kobalt berasal dari Jerman ' kobold ' yang mengacu pada roh jahat . Penambang sering mengatakan bahwa kecelakaan yang terjadi dalam pikiran disebabkan oleh ' kobold ' . Cobalt ditambahkan ke baja untuk meningkatkan ketahanan terhadap korosi . Ketika kobalt dicampur dengan tungsten dan tembaga , membentuk Stellite , logam yang mempertahankan kekerasannya pada suhu tinggi sehingga ideal untuk latihan kecepatan tinggi dan memotong instrumen . Seperti kobalt besi mudah magnet . Substansi magnet kuat yang dikenal sebagai alnico merupakan paduan kobalt , aluminium dan nikel .

NICKEL
Nomor atom : 28
Simbol kimia : Ni
Grup VIII B Pertama Row Transisi Elemen

Nikel sering ditambahkan ke logam lain seperti besi dan baja untuk membentuk paduan tahan terhadap oksidasi . Nichrome logam yang digunakan untuk membuat elemen pemanas dalam toaster dan oven listrik merupakan paduan kromium dan nikel . Hambatan listrik tinggi nichrome dikombinasikan dengan titik leleh tinggi membuatnya menjadi bahan yang sangat efisien untuk mengubah listrik menjadi panas . Penggunaan penting dari logam dalam baterai nikel-kadmium . Baterai ini dapat diisi ulang yang membuatnya sangat berguna dalam kalkulator , komputer dan alat cukur listrik tanpa kabel .

TEMBAGA
Nomor atom : 29
Simbol kimia : Cu
Grup IB Pertama Row Transisi Elemen

Sebuah penggunaan akrab air dalam pipa yang membawa air ke dapur . Karena tembaga merupakan salah satu konduktor terbaik listrik , kabel tembaga yang banyak digunakan untuk mengirimkan energi listrik dari pembangkit listrik ke rumah-rumah , kantor, pabrik dan bangunan lainnya dan dari outlet dinding untuk peralatan listrik . Tembaga ini pernah digunakan untuk membuat tombol untuk jaket seragam untuk polisi maka sehari-hari ' tembaga ' untuk polisi . Kuningan , paduan tembaga dan seng memiliki berbagai macam kegunaan dari perangkat keras ke seng .

ZINC
Nomor atom : 30
Simbol kimia : Zn
Kelompok I B Pertama Row Transisi Elemen

Dalam keadaan murni , seng adalah keras , rapuh , logam keperakan . Hal ini relatif tahan korosi dan dengan cepat membentuk lapisan oksida keras yang mencegah dari bereaksi lebih lanjut dengan udara . Dalam proses yang disebut galvanisasi , lapisan seng dilapisi baja lebih untuk mencegah korosi . Logam ini memiliki banyak kegunaan lainnya . Salah satu yang paling penting adalah dalam sel baterai kering umum . Sejak 1981 seng telah menjabat sebagai kepala logam dalam sen AS . Zinc juga dikombinasikan dengan tembaga untuk membentuk kuningan .

GALLIUM
Nomor atom : 31
Simbol kimia : Ga
Kelompok III A Pasca Transisi Logam

Gallium adalah logam yang sangat lembut dengan titik leleh yang sangat rendah dan titik didih yang sangat tinggi dari 2.403 derajat Celcius . Kisaran suhu di mana galium cair adalah yang terbesar dari setiap logam dikenal . Hal ini membuatnya berguna untuk termometer tingkat tinggi khusus . Sampai saat ini beberapa aplikasi praktis dari gallium dikenal . Hal ini berubah dengan cepat dengan penemuan bahwa gallium arsenide bisa berfungsi sebagai dioda laser dan mengubah listrik langsung ke sinar laser . Dioda pemancar cahaya yang digunakan dalam berbagai jam tangan dan pemain autodisc .

GERMANIUM
Nomor atom : 32
Simbol kimia : Ge
Kelompok IV metalloid

Germanium adalah elemen solid gelap relatif jarang abu-abu . Hal ini tidak pernah ditemukan dalam bentuk murni di alam tetapi dikombinasikan dengan oksigen . Germanium disebut semi- konduktor . Penambahan sejumlah kecil kotoran sangat meningkatkan kapasitasnya untuk menghantarkan listrik . Germanium ' Didoping ' digunakan untuk membuat transistor yang berada di jantung negara industri elektronik padat . Dengan doping puluhan ribu transistor sekarang dapat dibentuk pada chip germanium kecil yang pada dasarnya menjadi sebuah komputer kecil . Bahan tersebut telah memungkinkan revolusi dalam elektronik miniaturisasi .

ARSEN
Nomor atom : 33
Simbol kimia : Sebagai
Kelompok VA metalloid

Arsenik adalah kristal rapuh padat pada suhu kamar . Dalam bentuk oksida arsenious itu adalah racun terkenal . Hal ini digunakan sebagai pembunuh gulma dan insektisida . Arsenik sebagai racun telah menangkap imajinasi dari banyak penulis kejahatan . Sebelum kemajuan terbaru dalam teknik forensik , itu tidak mungkin untuk mendeteksi dalam tubuh korban . Meskipun racun , senyawa arsenik telah digunakan untuk tujuan pengobatan juga, yang paling terkenal makhluk '606 ' yang dibuat oleh Paul Ehrlich sebagai obat untuk sifilis .

SELENIUM
Nomor atom : 34

Simbol kimia : Se
Grup VI A metalloid

Mineral bantalan Selenium terlalu langka untuk ditambang secara menguntungkan .
Karena metalloid ditemukan di perusahaan tembaga dan Sulphur , hampir semua
selenium diperoleh kembali sebagai bye - produk pemurnian tembaga dan pembuatan
asam sulfat . Selenium ada dalam dua bentuk - merah dan abu-abu. Selenium abu-abu
adalah fotokonduktor berarti bahwa meskipun konduktor listrik yang buruk biasanya ,
dan itu menjadi konduktor yang sangat baik di hadapan cahaya . Hal ini membuat
selenium berharga sebagai sensor cahaya dalam robotika dan meter cahaya .

BROMINE
Nomor atom : 35
Simbol kimia : Br
Grup VII A Halogen

Brom adalah cairan kemerahan dengan bau tajam . Namanya berasal dari bromos
Yunani yang berarti bau . Brom dapat ditemukan dalam air laut , tambang garam bawah
tanah , dan sumur air garam mendalam . Sebuah penggunaan utama dari bromin dalam
memproduksi aditif bensin yang disebut ethylene dibromide . Senyawa ini
menghilangkan aditif memimpin setelah pembakaran bensin mencegah pembentukan
deposit timah . Brom sangat beracun dan membakar kulit . Selain itu uap berbahaya
yang dapat merusak hidung dan tenggorokan .

KRYPTON
Nomor atom : 36
Simbol kimia : Kr
Grup VIII A The Noble Gas

Pada tahun 1933 Linus Pauling menantang gagasan bahwa gas mulia adalah kimia
inert . Keberadaan senyawa ia memperkirakan krypton dan fluorine dikonfirmasi pada
tahun 1966 . Krypton adalah tidak berbau , tidak berasa , tidak berwarna gas sekali
tidak berbahaya . Kepala digunakan adalah dalam ' neon ' lampu yang merupakan
bagian dari lanskap modern. Ketika disegel dalam tabung kaca dan mengalami debit
listrik , kripton menghasilkan warna ungu pucat yang digunakan untuk landasan pacu
bandara dan pendekatan lampu . Krypton juga digunakan dicampur dengan xenon
intensitas tinggi , pendek paparan lampu kilat fotografi atau lampu strobo .

rubidium
Nomor atom : 37
Simbol kimia : Rb
Grup IA The Alkali Logam

Rubidium adalah keperakan , sangat lembut logam yang sangat reaktif yang membakar spontan bila terkena udara . Hal ini juga bereaksi hebat dengan air memberikan sejumlah besar hidrogen yang segera meledak dan terbakar karena panas yang dihasilkan oleh reaksi . Rubidium adalah terlalu reaktif untuk eksis sebagai logam murni di alam dan beberapa mineral bantalan rubidium diketahui . Rubidium memiliki nilai komersial kecil . Logam ini ditemukan pada tahun 1861 oleh ahli kimia Jerman Robert Bunsen dan Gustav Kirchoff . Mereka diidentifikasi dengan garis spektrum sebagai pengotor antara banyak logam alkali mereka sedang menyelidiki .

STRONTIUM
Nomor atom : 38
Simbol kimia : Sr
Kelompok IIA The Alkaline Earth Logam

Strontium memiliki sedikit penggunaan komersial dan senyawanya telah menemukan aplikasi hanya terbatas dalam industri . Karena garam strontium seperti strontium karbonat memancarkan karakteristik warna merah ketika mereka membakar , mereka digunakan dalam flare peringatan jalan raya dan kembang api . Salah satu isotop strontium , Sr - 90 adalah radioaktif dengan produk ledakan nuklir dan dapat mencemari daerah besar lingkungan melalui dampak dari atmosfer . Karena strontium 90 diproduksi setiap kali uranium mengalami fisi , operator reaktor nuklir harus selalu berjaga-jaga untuk mencegah pelepasan disengaja ke dalam lingkungan .

yttrium
Nomor atom : 39
Simbol kimia : Y
Kelompok III B Transisi Elemen

Yttrium ditemukan dalam jumlah kecil di kerak bumi tetapi batu-batu yang dibawa kembali dari Bulan memiliki kandungan yttrium tiba-tiba tinggi . Ketika suhu mereka diturunkan hanya beberapa derajat di atas nol mutlak , hampir semua logam tidak menunjukkan hambatan listrik apapun . Temperatur yang sangat rendah tidak praktis namun. Pada tahun 1987 ilmuwan mengumumkan penemuan senyawa yttrium , tembaga dan barium oksida yang superkonduktor pada 93 derajat Kelvin . Campuran lainnya dari elemen ini sedang diselidiki dan ada optimisme bahwa salah satu dari mereka akan berubah menjadi praktis superkonduktor suhu tinggi .

ZIRKONIUM
Nomor atom : 40
Simbol kimia : Zr
Kelompok IV B Transisi Elemen

Zirkonium adalah kuat , tahan lama logam . Kemampuan untuk menahan suhu tinggi membuatnya menjadi bahan yang ideal untuk bahan tahan panas di pesawat ruang angkasa . Senyawa paling terkenal dari zirkonium adalah zirkon logam . Telah dikenal sejak zaman kuno dan bahkan disebut dalam Alkitab . Ditemukan dalam berbagai macam warna , ketika kristal dipotong dan dipoles itu dianggap sebagai permata mulia semi . Zirkon memiliki indeks yang sangat tinggi bias . Karena itu , kristal berwarna yang memiliki kecemerlangan yang tidak biasa dan kadang-kadang digunakan sebagai pengganti berlian .

NIOBIUM
Nomor atom : 41
Simbol kimia : Nb
Kelompok VB Transisi Elemen

The niobium logam telah penting dalam sejarah superkonduktivitas suhu tinggi . Sebuah paduan yang terdiri dari niobium dan germanium memiliki kemampuan untuk menahan arus besar memungkinkan pembangunan magnet superkonduktor untuk instrumen seperti nuklir magnetik
scanner resonansi yang digunakan dalam kedokteran diagnostik . Niobium ditambahkan ke baja untuk tujuan khusus . Pada suhu tinggi batas-batas antara butir kecil yang membentuk stainless steel melemah dan menimbulkan korosi lebih mudah dari sisa baja . Penambahan niobium mencegah hal ini terjadi memungkinkan baja untuk menahan temperatur yang lebih tinggi di bawah tekanan yang ekstrim .

MOLYBDENUM
Nomor atom : 42
Simbol kimia : Mb
Grup VI B Transisi Elemen

Molybdenum adalah logam perak keras . Deposito cukup besar molibdenit ditemukan di Colorado , AS. Baja yang mengandung molibdenum cocok untuk pesawat dan mesin mobil bagian. Hal ini mampu menahan suhu dan tekanan perubahan terus-menerus terjadi di mesin . Untuk alasan yang sama digunakan dalam pembuatan senjata dan meriam . Salah satu isotop radioaktif , molybdenum - 99 yang digunakan di rumah sakit untuk menghasilkan teknesium- 99 yang sangat berguna untuk mengambil gambar dari organ internal setelah diambil secara internal .

teknesium
Nomor atom : 43
Simbol kimia : Tc
Grup VII B Transisi Elemen

Teknesium adalah elemen pertama yang akan diproduksi di laboratorium dari yang lain element.Logically itu mengambil namanya dari teknetos Yunani yang berarti buatan . Setiap isotop radioaktif dan meluruh untuk membentuk sebuah isotop dari elemen yang berbeda . Hari reaktor nuklir menghasilkan salah satu isotop yang paling berguna dari technetium , teknesium-99m . Ketika disuntikkan ke dalam pembuluh darah pasien , isotop akan berkonsentrasi pada organ-organ tubuh tertentu dan radioaktivitasnya akan mengekspos piring fotografi mengungkapkan bagaimana organ-organ yang berfungsi .

ruthenium
Nomor atom : 44
Simbol kimia : Ru
Grup VIII B Transisi Elemen

Ruthenium merupakan elemen langka yang biasanya ditemukan sebagai produk dari pemurnian bijih platinum . Terutama ruthenium digunakan sebagai katalis untuk proses industri . Telah digunakan sebagai katalis dalam memperoleh gas hidrogen langsung membelah molekul air bukan oleh electrolysis.Rutheniumis juga digunakan dalam bisnis perhiasan sebagai aditif pengerasan untuk platinum dan sering ditambahkan ke titanium untuk meningkatkan ketahanan terhadap korosi . Paduan lain dari ruthenium digunakan dalam poin pena dan kontak listrik khusus.

rhodium
Nomor atom : 45
Simbol kimia : Rh
Grup VIII B Transisi Elemen

Rhodium adalah langka , sangat sulit keperakan logam abu-abu. Hal ini ditemukan oleh William Wollaston pada tahun 1803 . Dia menamainya setelah rhodon kata Yunani untuk mawar karena banyak garam memiliki warna mawar . Hal ini digunakan dalam konverter katalitik mobil . Gas buangan merupakan sumber utama polusi udara . Katalitik konverter diisi dengan manik-manik katalitik kecil berisi platinum , palladium dan rhodium yang mengkonversi gas buang panas yang melewati mereka menjadi produk berbahaya .

IBA
Nomor atom : 46
Simbol kimia : Pd
Grup VIII B Transisi Elemen

Palladium adalah logam berwarna putih perak lembut yang menyerupai platinum . Hal ini sangat mudah dibentuk dan ulet . Sebuah penggunaan yang menarik dari paladium muncul ketika kebetulan ditentukan bahwa itu berguna dalam mengobati kanker dengan menghambat pembelahan sel dan relatif bebas dari efek samping . Dengan waktu paruh hanya 17 hari , isotop palladium103 dapat memberikan dosis radiasi yang kuat untuk menghancurkan kanker dan kemudian menghilang setelah sedikit lebih dari sebulan .

SILVER
Nomor atom : 47
Simbol kimia : Ag
Grup IB Transisi Elemen (Coinage Metal)

Perak adalah salah satu dari beberapa logam yang ditemukan dalam keadaan bebas di alam dan simbol Ag berasal dari kata Latin Argentum yang berarti perak . Ini telah menjadi mata uang logam sejak zaman Alkitab bahkan mungkin sebelumnya. Dari semua logam , perak adalah konduktor terbaik dari panas dan listrik . Hal ini biasanya tidak digunakan dalam kabel rumah karena biaya tapi secara luas digunakan dalam pembuatan peralatan elektronik berkualitas tinggi .

CADMIUM
Nomor atom : 48
Simbol kimia : Cd
Kelompok II B Transisi Elemen

Kadmium hadir dalam jumlah besar seperti bijih seng yang umumnya dianggap oleh produk pemurnian seng . Penggunaan utama dari logam dalam electroplating baja untuk mencegah korosi . Hal ini digunakan lebih sering daripada seng karena kurang berlimpah dan memiliki kecenderungan untuk menyebabkan masalah kesehatan . Kemampuan untuk menyerap neutron kadmium sangat penting dalam desain batang kendali reaktor nuklir . Kadmium juga digunakan sebagai pigmen merah dan kuning dalam membuat cat .

indium
Nomor atom : 49
Simbol kimia : Dalam
Transisi logam golongan III A Posting

Indium adalah logam putih kebiruan langka cukup lunak untuk meninggalkan jejak dirinya sendiri ketika dengan penuh semangat menggosok terhadap logam lainnya . Indium murni memiliki beberapa aplikasi komersial dan hal ini terutama digunakan sebagai paduan dengan logam lain . Paduan indium dan perak dan indium dan timbal adalah konduktor yang lebih baik dari pada perak dan memimpin sendiri . Mereka juga menemukan penggunaan dalam pembuatan transistor dan sel foto . Foil indium sering dimasukkan ke dalam reaktor nuklir untuk mengendalikan reaksi nuklir. Tingkat di mana foil ini menjadi radioaktif berfungsi sebagai pengukuran berharga dari reaksi yang terjadi .

TIN

Nomor atom : 50
Simbol kimia : Sn
Kelompok IV A Pasca Transisi Logam

Tin merupakan salah satu logam pertama yang digunakan oleh manusia . Perunggu , paduan tembaga dan timah digunakan di Mesir lebih dari 5000 tahun yang lalu . Hari ini terutama digunakan sebagai agen paduan dan membuat pelat timah yang merupakan terpal baja ditutupi dengan lapisan tipis timah . Karena timah melindungi baja dari asam makanan, piring kaleng digunakan untuk membuat kaleng untuk makanan tapi sekarang telah digantikan oleh plastik dan aluminium . Ini adalah salah satu logam yang paling mudah dibentuk dikenal .

ANTIMONY

Nomor atom : 51
Simbol kimia : Sb
Kelompok VA metalloid

Antimony adalah keras , rapuh , kristal , keabu-abuan , padat . Meski dikenal sebagai logam , itu adalah konduktor yang sangat miskin listrik . Bijih yang berfungsi sebagai sumber utama adalah stibnite mineral . Senyawa hitam , itu digunakan pada zaman kuno untuk menggelapkan alis perempuan . Sebuah penggunaan utama untuk antimon adalah pertandingan keselamatan umum . Kepala batang korek api yang berisi campuran antimon trisulfide dan agen pengoksidasi seperti kalium klorat . Antimony memiliki beberapa kegunaan komersial lainnya . Sebagai paduan dapat meningkatkan kekerasan banyak logam .

telurium

Nomor atom : 52
Simbol kimia : Te
Grup VI A metalloid

Telurium adalah putih keperakan metalloid langka . Tidak seperti logam yang khas , itu rapuh dan miskin konduktor listrik. Telurium merupakan salah satu dari beberapa elemen yang menggabungkan dengan emas . Senyawa itu disebut bentuk tellurides emas dan mereka membuat komponen yang sangat penting dari bijih mengandung emas . Telurium sering ditemukan sebagai produk dalam penyempurnaan emas dan juga tembaga . Penggunaan utama telurium adalah sebagai aditif untuk logam seperti tembaga dan stainless steel untuk menciptakan sebuah paduan yang lebih mudah untuk mesin dari logam asli .

IODINE

Nomor atom : 53
Simbol kimia : I
Grup VIIA The Halogen

Yodium adalah violet hitam solid yang ditemukan di rumput laut , sumur air garam dan
di laut . Meskipun racun , salah satu penggunaannya yang paling umum adalah sebagai
solusi tingtur antiseptik yodium . Garam yodium yang ditambahkan ke tabel garam dan
pakan ternak . Hal ini dilakukan sebagai yodium merupakan konstituen penting dari
hormon tiroksin oleh kelenjar tiroid dan membantu memastikan bahwa fungsi kelenjar
dengan benar . Perak iodida memiliki kemampuan untuk membentuk sejumlah besar
kristal - sebanyak satu juta miliar dari satu gram - yang bertindak sebagai inti untuk
pembentukan rintik hujan .

XENON
Nomor atom ; 54
Simbol kimia : Xe
Grup VIII A The Noble Gas

Xenon ada di atmosfer hanya jumlah jejak . Seperti gas mulia lainnya itu ada sebagai
molekul monoatomik yang tidak memiliki bau warna atau rasa . Pada tahun 1962 , Neil
Bartlett kimiawan Inggris membuat senyawa gas mulia pertama . Ia menggabungkan
xenon dan platinum heksafluorida dan banyak keheranannya memperoleh solid,
senyawa kuning-oranye yang terdiri dari molekul xenon , platinim dan fluor . Sampai
saat xenon dan kripton adalah satu-satunya gas mulia yang diketahui untuk membentuk
senyawa . Seperti gas mulia lainnya , xenon digunakan dalam tabung debit listrik untuk
menghasilkan cahaya .

Cesium
Nomor atom : 55
Simbol kimia : Cs
Grup IA The Alkali Logam

Cesium murni adalah logam paling lembut dikenal . Reaktivitas ekstrim telah
membuatnya menjadi berguna dalam menghilangkan gas yang tidak diinginkan dari
sistem vakum misalnya di dalam sebuah tabung televisi . Isotop cesium - 133 berfungsi
sebagai ukuran resmi dunia waktu . Yang kedua diukur dari segi radiasi yang
dipancarkan oleh atom cesium 133 ketika gembira dengan sumber energi eksternal
daripada dalam hal rotasi bumi mengelilingi matahari seperti dulu . Yang kedua
digambarkan sebagai waktu yang telah berlalu persis 9192531770 getaran dari radiasi
yang dipancarkan oleh caesuim - 133 atom .

BARIUM
Nomor atom : 56

Simbol kimia : Ba
Kelompok IIA The Alkaline Earth Logam

Dalam bentuk garam larut , barium cukup beracun . Di sisi lain dalam bentuk larut itu tidak berbahaya bagi tubuh manusia . Ahli radiologi menggunakan barium sulfat untuk memeriksa saluran usus pasien dengan Xrays.Barium sulfat juga memiliki beberapa manfaat lainnya berdasarkan kelarutan rendah dalam air dan warna putih . Hal ini digunakan sebagai pemutih pada pelat fotografi dan sebagai pengisi dalam menulis kertas, plastik dan serat buatan. Logam Barium memiliki beberapa aplikasi komersial karena kesiapannya untuk bereaksi dengan oksigen dan kelembaban .

LANTANUM
Nomor atom : 57
Simbol kimia : La
Kelompok III B Rare Earth Element (Lantanida)

Lantanum adalah yang pertama dari seri unsur tanah jarang . Adalah umum untuk menemukan banyak elemen langka dicampur dalam mineral tunggal . Mungkin penggunaan paling penting dari senyawa lantanida adalah dalam fabrikasi elektroda untuk intensitas tinggi lampu busur karbon yang digunakan dalam sorot , lampu studio dan proyektor film . Lantanum dan isotop yang ditemukan dalam fragmen yang dihasilkan ketika uranium fisi . Ini adalah penemuan isotop lantanum serta orang-orang dari barium oleh kimiawan Jerman Otto Hahn yang akhirnya mengarah pada gagasan fisi nuklir .

cerium
Nomor atom : 58
Simbol kimia : Ce
Kelompok III B Rare Earth Elements (Lantanida)

Cerium dinamai setelah asteroid Ceres yang penemuan pada tahun 1801 menyebabkan kegembiraan besar di dunia ilmiah . Bentuk logam murni cerium tidak siap sampai 1875. Ini adalah logam besi abu-abu yang cukup mudah dibentuk dan ulet . Senyawa Cerium seperti yang lantanum digunakan secara komersial untuk membentuk elektroda intensitas lampu karbon busur tinggi . Sebagai cerium oksida digunakan sebagai aditif untuk dinding oven membersihkan diri di mana tampaknya untuk mencegah penumpukan residu memasak .

praseodymium
Nomor atom : 59
Simbol kimia : Pr
Kelompok III B Rare Earth Elements (Lantanida)

Hal ini ditemukan oleh Carl Auer von Welsbach , seorang baron Austria yang memiliki minat pada mineralogi . Logam murni diisolasi dari bijih sebesar teknik pertukaran ion . Sebuah proses pertukaran digunakan untuk mengisolasi satu jenis ion dengan menggantikan dengan yang lain . Dalam satu proses seperti bahan aktif adalah resin terdiri dari molekul besar yang memiliki struktur netlike . Resin mengandung ion selular longgar terhubung ke internet . Ketika larutan yang mengandung ion-ion lain dilewatkan melalui resin , mereka mengganti ion mobile yang kemudian berdifusi keluar dari jaring .

neodymium
Nomor atom : 60
Simbol kimia : Nd
Kelompok III A Rare Earth Elements (Lantanida)

Ini adalah zat magnetik yang digunakan untuk membuat beberapa magnet paling kuat di dunia. The supermagnets dikenal sebagai NIB magnet karena mengandung zat besi dan boron juga.Mereka begitu kuat bahwa dua magnet kecil dengan tekan untuk kedua sisi tangan seseorang tanpa jatuh . Sebuah magnet Nd dengan hanya setengah inci diameter cukup kuat untuk menanggapi bahan magnetik dalam tinta cetak yang digunakan dalam uang kertas dan dapat digunakan untuk mendeteksi palsu . Hal ini juga digunakan dalam mawar berwarna kacamata!

promethium
Nomor atom : 61
Simbol kimia : Pm
Kelompok III B Rare Earth Elements (Lantanida)

Tidak ada jejak promethium telah ditemukan pada kerak bumi tetapi telah diidentifikasi dalam spektrum beberapa bintang di Galaksi Andromeda . Ini adalah elemen langka sintetis dibuat dalam akselerator nuklir dan reaktor nuklir . Ketika neodymium dikenai intens radiasi neutron hadir dalam reaktor , ia diubah menjadi promethium . 28 isotop dari elemen sejauh ini telah disintesis semua menjadi radioaktif . Sangat sedikit yang diketahui dari sifat kimia dan fisik promethium murni .

samarium
Nomor atom : 62
Simbol kimia ; Sm
Kelompok III B Rare Earth Element (Lantanida)

Bijih utama samarium adalah bastnasite dan monasit . Bijih monasit sering mengandung sebanyak 50 % dari bobot mereka di tanah jarang ditemukan di pasir sungai di India dan Brazil dan di pantai Florida sand.In bentuk samarium murni memiliki kilau putih keperakan dan cukup tahan terhadap oksidasi . Logam namun akan menyala secara spontan pada suhu rendah . Beberapa senyawa unsur ini digunakan untuk membuat magnet permanen . Samarium oksida merupakan penyerap yang sangat baik dari radiasi infra - merah dan ditambahkan untuk tujuan ini untuk berbagai jenis kaca dan fosfor sensitif inframerah .

europium
Nomor atom : 63
Simbol kimia ; Eu
Kelompok III B Rare Earth Element (Lantanida)

Europium adalah salah satu yang paling langka dari logam tanah jarang . Pada tahun 1901 ahli kimia Prancis Eugene - Anatole Demarcay akhirnya terisolasi pengotor dalam sampel samarium - gadolinium ia belajar dan mengidentifikasi pengotor sebagai elemen baru . Europium Pure cukup lembut dan putih keperakan . Hal ini sangat ulet dan salah satu yang paling reaktif dari logam tanah jarang . Europium oksida cukup banyak digunakan sebagai aditif untuk meningkatkan efisiensi fosfor merah di televisi dan monitor komputer . Hal ini juga digunakan untuk meningkatkan efisiensi energi dari lampu neon .

gadolinium
Nomor atom : 64
Simbol kimia : Gd
Kelompok IIIA Rare Earth Element (Lantanida)

Dua isotop gadolinium adalah salah satu yang paling ampuh peredam neutron . Meskipun batas kelangkaan mereka gunakan , mereka digunakan dalam membuat batang kendali reaktor nuklir . Ini adalah makna feromagnetik bahwa itu sangat sangat tertarik oleh magnet . Namun titik Curie nya , suhu di mana bahan magnetik kehilangan magnet adalah sekitar suhu kamar . Telah terbukti dari nilai dalam teknik probing interior logam yang disebut radiografi neutron . Hal ini digunakan dalam industri penerbangan dan pembangunan kapal untuk mencari kelemahan tersembunyi dan kelemahan struktural dalam lambung dan fuselages .

Terbium
Nomor atom : 65
Simbol kimia : Tb
Kelompok III B Rare Earth Element (Lantanida)

Dalam bentuk logam murni , TB adalah putih keperakan , ditempa , ulet dan cukup lunak untuk dipotong dengan pisau . Ini memiliki kemiripan untuk memimpin tetapi jauh lebih berat . Seperti timah itu cukup tahan terhadap korosi . Senyawa TB memiliki kegunaan dalam mendirikan laser khusus dan sebagai fosfor yang menghasilkan warna hijau pada tabung televisi dan monitor komputer . Aplikasi lain termasuk produksi paduan dengan sifat magnetik khusus untuk digunakan dalam compact disc dan dalam pembuatan definisi tinggi layar X - ray .

dysprosium
Nomor atom : 66
Simbol kimia : Dy
Kelompok III B Rare Earth Element (Lantanida)

Dysprosium peringkat kesembilan dalam kelimpahan antara unsur tanah jarang dalam kerak bumi . Hal ini ditemukan pada tahun 1886 oleh kimiawan Perancis Paul - Emile Lecoq de Boisbaudran dalam sampel erbium oksida . Ia berdasarkan namanya pada kata dysprositos Yunani yang berarti sulit untuk mendapatkan . Dysprosium murni tidak tersedia sampai tahun 1950 ketika teknik kimia modern seperti pemisahan ion - exchange dikembangkan . Dysprosium menyerupai sebagian besar logam tanah jarang lainnya . Hal ini cukup lunak untuk dipotong dengan pisau , memiliki warna keperakan mengkilap dan relatif stabil di udara .

holmium
Nomor atom : 67
Simbol kimia : Ho
Kelompok III B Rare Earth Element (Lantanida)

Pada tahun 1878 , dua ilmuwan Swiss melihat karakteristik garis spektrum holmium tetapi tidak bisa mengidentifikasi mereka . Mereka menyebut sumber yang tidak diketahui dari garis spektrum unsur X. Segera setelah itu pada tahun 1879 kimiawan Swedia Per Teodor Cleve diisolasi dan diidentifikasi elemen saat bekerja dengan mineral yang disebut erbia . Pure holmium logam yang tidak tersedia sampai cukup baru-baru ini memiliki warna perak cerah . Hal ini cukup tahan korosi di udara kering tapi tarnishes cepat di udara lembab membentuk oksida kekuningan . Selain penggunaannya sebagai warna untuk kaca , ia memiliki beberapa aplikasi komersial .

ERBIUM
Nomor atom : 68
Simbol kimia : Er
Kelompok III B Rare Earth Element

Erbium ditemukan oleh Carl Gustaf Mosander dalam oksida kuning yang ia terisolasi dari yttria mineral . Mosander bernama elemen untuk desa Swedia Ytterby tempat konsentrasi besar yttria dan erbium . Sumber utama erbium adalah mineral xenotim dan euxerite . Erbium serta unsur tanah jarang lainnya sebenarnya merupakan pengotor dalam bijih tersebut . Aplikasi komersial erbium agak terbatas . Its oksida sering ditambahkan ke kaca dan enamel glasir untuk mewarnai mereka merah muda . Kaca ini sering digunakan untuk kacamata hitam dan perhiasan murah .

thulium
Nomor atom : 69
Simbol kimia : Tm
Grup IIIB Rare Earth Element (Lantanida)

Thulium adalah elemen langka bumi yang sangat langka . Hal ini terjadi dalam jumlah yang sangat kecil di perusahaan dari tanah langka lainnya . Kimiawan Swedia Per Teodor Cleve menemukan unsur pada tahun 1879 dan menamakannya untuk Thule , nama kuno untuk Scandinavia . Sumber utama thulium adalah monasit mineral yang terdiri dari sekitar 7/1000 dari 1 % thulium . Ini memiliki beberapa aplikasi komersial selain dari yang digunakan dalam laser . Hal ini mahal tapi sangat sedikit logam yang tersedia untuk eksperimen .

Iterbium
Nomor atom : 70
Simbol kimia : Yb
Kelompok III B Rare Earth Element (Lantanida)

Ytterbium , elemen langka pertama yang ditemukan ditemukan dalam kelimpahan sederhana dalam kerak bumi dan selalu di perusahaan dari tanah langka . Hal ini ditemukan oleh kimiawan Perancis Jean de Marignac pada tahun 1878 sebagai komponen dari mineral yang dikenal sebagai erbia dan dinamai desa Swedia Ytterby berdasarkan konsentrasi tinggi dari erbium . Logam Iterbium murni tidak tersedia untuk studi sampai tahun 1953 . Aplikasi komersial adalah sebagai agen paduan dengan stainless steel . Paduan tertentu juga telah digunakan dalam kedokteran gigi .

lutesium
Nomor atom : 71
Simbol kimia : Lu
Kelompok III B Rare Earth Element (Lantanida)

Meskipun ia tidak pernah secara resmi mempublikasikan hasil nya , kimiawan AS Charles James kini dianggap telah menemukan lutetium pada tahun 1907 . Bekerja selama awal 1900-an di University of New Hampshire , James menjadi kekuatan utama dalam produksi unsur tanah jarang . Dia dan murid-muridnya akan memproses ton bijih dan tenaga kerja melalui kristalisasi untuk menghasilkan sampel tunggal . Metal lutetium murni adalah sulit dan mahal untuk mempersiapkan . Ini adalah yang paling sulit dan unsur tanah jarang terberat . Tidak ada aplikasi komersial telah dikembangkan .

hafnium
Nomor atom : 72

Simbol kimia : Hf
Kelompok IV B Transisi Elemen

Sifat Hafnium serta sejarah terkait erat dengan zirkonium . Banyak yang meramalkan adanya unsur 72 tetapi kemahahadiran kembar kimia mengganggu identifikasi . Penggunaan utama dari hafnium didasarkan pada salah satu dari beberapa perbedaan dari zirkonium . Kemampuan untuk menyerap neutron thermal membuatnya menjadi bahan yang berguna untuk batang kendali reaktor . Keuntungan utama dari hafnium dibandingkan dengan bahan batang lainnya adalah kekuatan dan ketahanan terhadap korosi . Sayangnya dalam reaktor cukup besar biaya batang hafnium dapat $ 1 juta atau lebih .

tantalum
Nomor atom : 73
Simbol kimia : Ta
Kelompok VB Transisi Elemen

Tantalum adalah logam yang sangat keras dan sangat berat . Inertness kimianya membuat tantalum sangat tahan terhadap serangan zat dalam tubuh manusia . Hal ini telah menyebabkan sejumlah aplikasi dalam operasi gigi dan medis . Tantalum sebagai agen paduan kontribusi ketahanan korosi , daktilitas , kekerasan dan titik lebur tinggi untuk berbagai logam lainnya . Namun lain penggunaan utama tantalum adalah dalam pembangunan kecil tapi kuat kapasitor elektrolit . Kapasitor ini secara khusus berguna dalam sirkuit elektronik miniatur yang terletak di jantung perangkat seperti telepon seluler dan komputer .

TUNGSTEN
Nomor atom : 74
Simbol kimia : W
Kelompok VIB Transisi Elemen

Salah satu penggunaan yang paling penting dari tungsten adalah dalam pembuatan filamen untuk bola lampu umum . Tungsten memiliki titik lebur tertinggi -3.410 derajat C dan titik didih tertinggi 5900 derajat C - dari logam . Aplikasi suhu tinggi dari jangkauan tungsten dari elemen pemanas di pemanas listrik untuk nozel pada motor roket dari kendaraan ruang angkasa . Listrik yang mengalir melalui kawat melingkar tungsten menghasilkan panas yang cukup untuk membuat kawat putih panas . Untuk mencegah logam dari overheating gas inert seperti nitrogen dan argon diapit bohlam berisi filamen tungsten .

renium
Nomor atom : 75
Simbol kimia : Re

Grup VIIB Transisi Elemen

Renium salah satu yang paling langka dari unsur-unsur ditemukan dalam bijih platinum oleh ahli kimia Jerman Ida Tacke , Walter Nodack dan Otto Carl Berg pada tahun 1925 . Ini adalah logam yang sangat padat dengan kilau abu-abu keperakan dan titik leleh hanya dilampaui oleh tungsten dan karbon . Ini adalah dasar untuk digunakan renium dalam kombinasi dengan tungsten untuk membuat termokopel untuk mengukur suhu setinggi 2000 derajat C. Renium ini terutama digunakan sebagai agen paduan untuk fabrikasi logam yang tahan aus seperti yang diperlukan untuk beralih listrik kontak dan elektroda .

osmium
Nomor atom : 76
Simbol kimia : Os
Grup VIIIB Transisi Elemen

Karena logam murni sulit untuk membuat , osmium sering dibuat sebagai bubuk yang kemudian dibentuk menjadi massa padat dengan pemanasan . Serbuk mengoksidasi di udara dan perlahan-lahan dipancarkan sebagai berbau gas beracun yang kuat mampu menyebabkan paru-paru dan kerusakan kulit . Emisi gas oksida beracun yang membuat penggunaan logam osmium praktis . Sebagai aditif paduan namun cukup aman dan ini terutama digunakan untuk membuat paduan keras dengan logam seperti platinum dan iridium . Paduan ini digunakan untuk switch listrik kontak , gramofon jarum dan tips pena .

IRIDIUM
Nomor atom : 77
Simbol kimia : Ir
Grup VIII B Transisi Elemen

Iridium adalah logam mulia kekuningan putih rapuh . Hal ini umumnya ditemukan dalam bijih yang mengandung platinum atau nikel . Memisahkannya dari bijih ini adalah tugas yang melelahkan dan mahal yang dibenarkan hanya oleh pemulihan simultan platinum dan nikel . Aplikasi utama dari iridium adalah sebagai aditif untuk platinum menciptakan paduan yang meningkatkan kekerasan logam yang terakhir . Resistensi Iridium untuk korosi membuatnya juga berguna dalam pembuatan barang-barang yang membutuhkan kemurnian mutlak seperti jarum suntik dan mesin roket .

PLATINUM
Nomor atom : 78
Simbol kimia : Pt
Grup VIII B Transisi Elemen (Logam Mulia)

Banyak penggunaan platinum mengambil keuntungan dari stabilitas kimia dan inertness . Hal ini digunakan dalam penyulingan minyak bumi , kedokteran gigi , industri keramik , industri listrik dan elektronik , dan sangat berharga dalam pembuatan perhiasan . Platinum juga berguna untuk industri otomotif . Ini membantu reaksi kimia yang membersihkan knalpot yang berasal dari mesin mobil , mengubah karbon monoksida dan bahan bakar tidak terbakar ke dalam air dan karbon dioksida . Selain itu sebatang paduan iridium - platinum berfungsi sebagai standar dunia untuk kilogram , unit dasar untuk massa dalam sistem metrik .

GOLD
Nomor atom : 79
Simbol kimia : Au
Grup IB Transisi Elemen (Logam Mulia)

Emas diperdagangkan di bursa komoditas dan fluktuasi harga yang dianggap sebagai indeks kesehatan perekonomian . Ini adalah yang paling ulet dan lentur dari semua logam . Karena itu juga salah satu yang paling tidak reaktif , dapat mempertahankan kilau cemerlang . Di alam emas biasanya ditemukan sebagai logam murni , sering sebagai nugget atau serpihan . Kemurniannya diukur sebagai karat . Emas murni dikatakan emas 24 karat . Karena itu sangat lembut , namun, sebagian besar perhiasan emas terbuat dari emas 18 karat .

MERCURY
Nomor atom : 80
Simbol kimia : Hg
Kelompok II B Transisi Elemen

Merkurius adalah satu-satunya logam yang cair pada suhu kamar dan tetap cairan selama rentang yang sangat luas dan nyaman suhu . Beberapa produk rumah tangga biasa yang mengandung merkuri termometer, barometer , termostat , switch dinding diam dan lampu neon . Industri aplikasi merkuri termasuk pompa difusi dan lampu uap merkuri yang menghasilkan cahaya putih kebiruan dari penerangan jalan . Properti lain yang berguna dari merkuri adalah kemampuannya untuk melarutkan logam lain untuk membentuk paduan yang dikenal sebagai amalgam . Dokter gigi sering menggunakan perak - merkuri amalgam untuk mengisi gigi .

talium
Nomor atom : 81
Simbol kimia : Tl
Kelompok III A Post- Logam Transisi

Sebuah sumber umum dari talium adalah seng dan pemurnian timah . Logam ditempa dan berat ini cukup aktif dan perlahan corrodes di udara . Thallium dan senyawanya sangat beracun dan ada bukti bahwa hal itu dapat menyebabkan kanker . Bahkan kontak dengan kulit dapat berbahaya meskipun dalam konsentrasi yang sangat rendah thallium telah digunakan dalam pengobatan ringworms . Talium sulfat adalah racun tidak berbau dan berasa yang sebelumnya digunakan untuk membunuh tikus dan serangga tetapi sekarang telah dilarang di beberapa negara .

LEAD
Nomor atom : 82
Simbol kimia : Pb
Kelompok IV A

Timbal adalah logam yang sangat lunak yang dapat dengan mudah bekerja untuk membuat peralatan dari segala jenis. Uang timah dan patung telah ditemukan di makam-makam Mesir dating kembali ke 5000 SM . Hal ini sebagian besar digunakan untuk membuat elektroda baterai penyimpanan memimpin . Timbal juga merupakan komponen penting dari solder yang digunakan untuk membuat sambungan listrik pada papan sirkuit di komputer dan perlengkapan televisi . Kaca layar set TV mengandung timbal untuk melindungi penonton dari radiasi . Bahkan setiap set TV mengandung hampir setengah pon timah .

Bismuth
Nomor atom : 83
Simbol kimia : Bi
Kelompok VA Pasca transisi Logam

Bismut adalah logam rapuh putih yang memiliki semburat kekuningan sedikit . Senyawa bismuth subnitrate telah digunakan sebagai antasida dalam pengobatan ulkus . Bismuth oksida merupakan pigmen kuning populer digunakan dalam kosmetik . Seperti bismuth air adalah salah satu dari beberapa zat yang mengembang ketika perubahan dari cair ke padat . Properti ini digunakan untuk membuat paduan yang volumenya tetap konstan ketika mereka memperkuat . Logam paduan dengan bismuth dapat digunakan untuk gips dan cetakan yang mempertahankan dimensi yang tepat mereka bahkan ketika diisi dengan logam cair .

polonium
Nomor atom : 84
Simbol kimia : Po
Grup VI A metalloid

Penemuan polonium oleh Marie dan Pierre Curie pada tahun 1898 mendefinisikan salah satu momen besar dalam sejarah ilmu pengetahuan yang mengarah ke konsep modern dari inti atom dan pemahaman tentang struktur . Polonium memiliki 27 isotop dikenal dan semua dari mereka adalah radioaktif . Yang paling tersedia adalah polonium 210 , metalloid keperakan yang cukup stabil dan 100.000 kali lebih beracun dari sianida . Di laboratorium radiologi isotop dicampur dengan bubuk berilium sering digunakan untuk menghasilkan sejumlah besar neutron tanpa menggunakan reaktor nuklir .

Astatin
Nomor atom : 85
Simbol kimia : Pada
Grup VII A Halogen

Sejumlah kecil astatin ada secara alami sebagai produk peluruhan uranium dan thorium . Astatin pertama kali diproduksi pada tahun 1940 oleh tim radiochemists dengan membombardir bismut dengan partikel alpha . Hanya sekitar 1 sepersejuta gram astatin sebenarnya sudah diproduksi artifisial dan oleh karena itu tidak mengherankan bahwa sedikit yang diketahui tentang sifat-sifatnya . Its kimia harus cukup mirip dengan yodium meskipun ada beberapa bukti bahwa hal itu mungkin sedikit lebih logam .

RADON
Nomor atom : 86
Simbol kimia : Rn
Grup VIII A The Noble Gas

Radon diproduksi sebagai salah satu produk dengan dari peluruhan radioaktif uranium dan thorium . Radon - 222 , isotop terpanjang hidup ditemukan dalam konsentrasi gas substansial sa dalam tanah karena jumlah jejak uranium yang hadir dalam kerak bumi . Sementara itu tumbuh , tembakau dikenakan kontaminasi oleh radon dari tanah dan pupuk fosfat yang kaya uranium yang digunakan oleh pekebun . Ketika tembakau dalam rokok dibakar , asap dihirup perokok mata pelajaran untuk tingkat radiasi 1.000 kali lebih tinggi daripada yang dihadapi oleh seorang pekerja di pembangkit listrik tenaga nuklir .

fransium
Nomor atom : 87
Simbol kimia : Fr
Kelompok I A Alkali Logam

Fransium adalah terberat dari logam alkali dan salah satu yang paling stabil dikenal . Semua isotop bersifat radioaktif namun bahkan terpanjang isotop berumur fransium - 223 memiliki waktu paruh hanya 21 menit . 30 isotop dikenal , hanya fransium 223 ada di alam . Semua isotop lain dari fransium diproduksi artifisial di akselerator dan reaktor nuklir dan terlalu tidak stabil untuk dikaji secara mendalam apapun. Unsur ini ditemukan pada tahun 1939 oleh Marguerite Perey bekerja di Curie Institute di Paris . Ini adalah nama untuk negara di mana ia ditemukan .

RADIUM
Nomor atom : 88
Simbol kimia : Ra
Kelompok II A- The Alkaline Earth Logam

Radium ditemukan oleh Marie dan Pierre Curie pada tahun 1898 . Untuk penemuan radium dan polonium , Marie Curie dianugerahi Hadiah Nobel di bidang kimia . Itu dia kedua , dia telah berbagi pertama dengan suaminya dan Henri Becquerel pada tahun 1903 untuk penemuan radioaktivitas .
Logam radium murni memiliki warna putih cemerlang dan sangat luminescent yang bersinar dalam gelap memberikan off warna biru samar . Radium digunakan dalam banyak fasilitas medis untuk menghasilkan radon gas radioaktif yang digunakan untuk terapi kanker .

aktinium
Nomor atom : 89
Simbol kimia : Ac
Kelompok III B Transisi Elemen (The Aktinida)

Aktinium adalah unsur radioaktif diproduksi secara alami oleh peluruhan radioaktif dari unsur-unsur radium lama tinggal dan thorium . Jumlah yang sangat kecil itu telah diproduksi artifisial dan memiliki aplikasi komersial yang sangat terbatas . Sifat kimianya mirip dengan lanthanum . Juga seperti lantanum , itu adalah yang pertama dalam serangkaian elemen yang disebut aktinida yang analog dengan lantanida . Seperti tanah jarang , unsur-unsur ini menambahkan elektron ke shell orbital batin dan akibatnya memiliki sifat fisik dan kimia yang mirip .

THORIUM
Nomor atom : 90
Simbol kimia : Th
Grup IIIB Transisi Elemen (The Aktinida)

Thorium adalah logam berwarna putih perak radioaktif yang menutupi permukaan sangat lambat bila terkena udara . Pasir monasit beberapa di antaranya ditemukan dalam pantai Florida dapat berisi upto 10 % thorium . Meskipun radioaktivitasnya , torium dan senyawanya memiliki beberapa aplikasi komersial . Ini berfungsi sebagai emitter efisien elektron untuk perangkat elektronik . Lampu brilian bahwa oksida yang memancarkan sementara pembakaran juga membuatnya berguna dalam fabrikasi lampu gas portabel tertentu . Thorium 232 , sebuah isotop dengan waktu paruh 14 miliar tahun menunjukkan janji besar menjadi sumber energi nuklir di masa depan .

terpapar
Nomor atom : 91
Simbol kimia : Pa
Kelompok III B Transisi Elemen (The Aktinida)

Ini adalah salah satu scarcest dan paling mahal dari semua unsur yang ada secara alami . Hanya beberapa ratus gram yang tersedia untuk belajar. Jumlah sedikit ini sebagian besar diproduksi di Inggris sekitar 30 tahun yang lalu di mana ia diambil dari 60 ton bijih dengan biaya setengah juta dolar . Tidak banyak yang diketahui tentang sifat fisik dan kimianya . Ini adalah logam putih perak dengan kilau terang yang kehilangan sangat lambat di udara melalui oksidasi . Hal ini juga dikenal sangat beracun .

URANIUM
Nomor atom : 92
Simbol kimia : U
Kelompok III B Transisi Elemen (The Aktinida)

Uranium adalah yang terakhir dan yang paling berat dari unsur-unsur alami . Ditemukan pada tahun 1841 , itu adalah unsur radioaktif pertama yang diidentifikasi . Pada akhir 1930-an melalui eksperimen dengan uranium ilmuwan Jerman Lise Meitner dan Otto Hahn mengamati proses yang kemudian diakui menjadi fisi nuklir . Kemampuan neutron dilepaskan selama fisi inti uranium untuk diri mereka sendiri membagi inti uranium lainnya dengan cepat digunakan oleh para ilmuwan untuk menciptakan reaksi berantai mandiri . Ketika terkontrol , reaksi ini menghasilkan energi yang kita peroleh dari reaktor nuklir . Bila tidak terkontrol dapat menciptakan sebuah ledakan atom .

neptunium
Nomor atom : 93
Simbol kimia : Np
Kelompok III B Transisi Elemen (The Aktinida)

Neptunium adalah yang pertama diproduksi artifisial unsur transuranium . Bekerja di siklotron di University of California di Berkeley pada 1940 , fisikawan AS Edwin McMillan dan Philip Abelson diproduksi neptunium dengan membombardir uranium dengan neutron . Sekarang diketahui bahwa jumlah jejak dari neptunium d benar-benar ada di alam sebagai akibat dari tindakan neutron dalam elemen uranium . Saat ini 18 isotop neptunium telah diproduksi semuanya radioactive.The paling penting dan pertama yang akan diproduksi adalah neptunium 237 dengan waktu paruh 2,1 juta tahun .

plutonium
Nomor atom : 94

Simbol kimia : Pu
Kelompok III B Transisi Elemen (The Aktinida)

Plutonium memiliki 15 isotop dikenal semua dari mereka radioaktif . Plutonium 239 adalah yang paling penting karena mudah fisi ketika dibombardir oleh neutron termal . Seperti uranium 235 , inti atom yang dibagi menjadi dua inti berukuran menengah (disebut fragmen fisi) melepaskan sejumlah besar energi dan memproduksi lebih banyak neutron untuk mempertahankan reaksi berantai . Dicampur dengan bubuk berilium , itu adalah sumber yang efektif neutron untuk karya ilmiah . Plutonium dapat diproduksi dalam jumlah besar dalam reaktor nuklir . Kelimpahan Its telah membuatnya menjadi pilihan nomor satu untuk senjata nuklir .

amerisium
Nomor atom : 95
Simbol kimia : Am
Kelompok III B Transisi Elemen (The Aktinida)

Hal ini ditemukan pada tahun 1944 oleh sebuah tim ahli kimia di bawah kepemimpinan tim Glenn Seaborg.His diproduksi amerisium - 241 , salah satu dari 14 isotop dikenal yang semuanya radioaktif . Amerisium 241 dibuat dalam jumlah besar di reaktor nuklir . Sinar gamma intens memancarkan membuatnya sangat berguna sebagai sumber portabel sinar - X . Hal ini juga digunakan dalam detektor asap .

Curium
Nomor atom : 96
Simbol kimia : Cm
Kelompok III B Transisi Elemen (The Aktinida)

Curium adalah logam berwarna putih perak yang sangat reaktif . Yang pertama dari 14 isotop yang dikenal untuk ditemukan adalah curium 242 . Curium 242 dan curium 244 telah digunakan sebagai sumber energi di daerah terpencil . Radiasi isotop memancarkan dapat dikonversi menjadi panas dan kemudian menjadi listrik oleh perangkat thermoelectric . Meskipun memiliki paruh yang relatif singkat , output daya curium 242 mengesankan yaitu sekitar dua sampai tiga watt per gram . Unit-unit kompak berguna untuk alat pacu jantung , pelampung terpencil navigasi dan misi ruang angkasa .

berkelium
Nomor atom ; 97
Simbol kimia : Bk
Kelompok III B Transisi Elemen (The Aktinida)

Hal ini ditemukan di UC Berkeley pada tahun 1949 oleh tim yang terdiri dari George Seaborg , Stanley Thompson dan Albert Ghiorso dan diberi nama setelah kota . Mereka disintesis menggunakan siklotron untuk membombardir sampel amerisium 241 dengan partikel alpha . Menggunakan berkelium 249 , hal itu mungkin pada tahun 1962 untuk memproduksi 3000000000 dari gram berkelium klorida . Tidak ada aplikasi komersial atau ilmiah belum dikembangkan .

kalifornium
Nomor atom ; 98
Simbol kimia : Cf
Kelompok III B Transisi Elemen (The Aktinida)

Hal ini ditemukan oleh sebuah tim ahli kimia menggunakan siklotron untuk membombardir curium 242 dengan partikel alpha . Isotop kalifornium 252 nama untuk Negara Bagian California secara spontan memancarkan neutron . Sumber neutron yang kadang-kadang sulit didapat . Entah reaktor nuklir diperlukan atau emitor sangat radioaktif partikel alpha seperti plutonium harus dicampur dengan bubuk berilium . Penemuan sumber neutron sangat portabel menunjukkan banyak aplikasi yang mungkin untuk kalifornium 252.It dapat dengan mudah dibawa ke sawah untuk analisis lapisan bantalan minyak bumi atau pertambangan emas dan perak .

einsteinium
Nomor atom : 99
Simbol kimia : Es
Kelompok III B Transisi Elemen (The Aktinida)

Albert Ghiorso dan rekan kerja menemukan unsur ini pada tahun 1952 sementara menyelidiki puing-puing dari ledakan bom hidrogen dalam isotop Pacific.16 diketahui , yang paling stabil makhluk einsteinium 254 dengan waktu paruh 252 hari . Sebagian besar isotop ini telah diproduksi di High Flux Isotop Reaktor di Oak Ridge National Laboratory di Tennessee dengan penyinaran plutonium 239 dengan intens sinar neutron .

fermium
Nomor atom : 100
Simbol kimia : Fm
Kelompok III B Transisi Elemen (The Aktinida)

Seperti einsteinium , Fermium diidentifikasi pada tahun 1952 oleh Ghiorso dan rekan kerja di puing-puing dari ledakan hidrogen bom di Pasifik . Isotop yang dinamai Enrico Fermi biasanya disintesis dengan menundukkan unsur-unsur seperti uranium dan plutonium untuk penembakan neutron intens . Dalam lingkungan yang kaya neutron , unsur seperti uranium dapat mengalami penangkapan neutron sering menyerap sebanyak 16-17 neutron untuk menghasilkan unsur transuranium berat .

Mendelevium
Nomor atom : 101
Simbol kimia : Md
Kelompok III B Transisi Elemen (The Aktinida)

Kesembilan buatan unsur transuranium bernama Dmitri Mendeleyev untuk ditemukan pada tahun 1955 oleh sekelompok ilmuwan di bawah Albert Ghiorso . Melanjutkan pencarian mereka untuk elemen selalu lebih berat tim menggunakan siklotron di Berkeley untuk membombardir einsteinium 253 dengan partikel alpha (inti helium) dan akhirnya dibuat mendelevium 256 . Jumlah kecil membuat identifikasi yang sangat sulit . Hal ini sering mengatakan bahwa unsur ini telah disintesis satu atom pada suatu waktu . Hanya jumlah jejak isotop mendelevium telah dibuat dan sedikit yang diketahui kimia mereka .

Nobelium
Nomor atom : 102
Simbol kimia : Tidak ada
Kelompok III B Transisi Elemen (The Aktinida)

Dalam menciptakan nobelium 254 , Ghiorso dan rekan-rekannya dibombardir sampel curium 246 dengan karbon 12 ion menggunakan Heavy Ion Linear Accelerator . 11 isotop sejauh ini telah disintesis dan semua bersifat radioaktif . Nobelium 259 adalah terpanjang tinggal dengan waktu paruh 57 menit . Dinamakan untuk Alfred Nobel , telah diproduksi dalam jumlah yang cukup besar untuk memungkinkan studi sifat kimia dan fisik .

lawrensium
Nomor atom : 103
Simbol kimia : Lr
Kelompok III B (The Aktinida)

Melanjutkan string yang menakjubkan mereka penemuan , para ilmuwan Berkeley disintesis dan terisolasi lawrensium pada tahun 1961 dengan membombardir campuran 3 isotop kalifornium dengan boron 10 dan boron 11 ion menggunakan Heavy Ion Linear Accelerator . Target beratnya hanya beberapa sepersejuta gram namun tim berhasil memproduksi lawrensium 258 dengan waktu paruh dari 4 detik . Hal itu dinamai untuk menghormati Ernest O.Lawrence , penemu siklotron .

Rutherfordium
Nomor atom : 104

Simbol kimia : Rf
Grup IV B A transactinide

Riwayat klaim bersaing bingung penamaan elemen 104 . Tim dari Berkeley serta
kelompok dari Rusia mengklaim kredit untuk unsur 104 . Klaim Amerika memenangkan
hari . Hal ini dinamai setelah Selandia Baru Ernest Rutherford !

Dubnium
Nomor atom : 105
Simbol kimia : Db
Grup VB A transactinide .

Klaim yang tidak disetujui penemuannya telah melanda elemen 105 . Pada tahun 1970
Ghiorso dan timnya di Berkeley dibombardir kalifornium 249 dengan nitrogen berat 15
ion positif dan mengidentifikasi elemen yang mereka dinamai Otto Hahn dan
memperoleh dukungan dari American Chemical Society . Namun pada tahun 1997
IUPAC memutuskan t mengubah nama untuk Dubnium . Sifat kimia dan fisiknya tidak
diketahui .

Seaborgium
Nomor atom : 106
Simbol kimia : Sg
Grup VI B A transactinide

Seperti dua elemen sengketa lainnya , klaim penemuan unsur 106 bersama dengan
hak untuk nama itu adalah subyek sengketa . Pada tahun 1974 , sebuah tim Rusia
menyatakan bahwa mereka telah menghasilkan unnilhexium . Karena percobaan gagal
untuk mengkonfirmasi hasil mereka , klaim mereka diragukan . Tentang waktu yang
sama , para ilmuwan di Berkeley melaporkan penemuan unnilhexium 263 setelah
membombardir kalifornium 249 dengan oksigen 18 . Pada tahun 1993 , para ilmuwan di
Lawrence Livermore dan Berkeley Laboratories mengulangi percobaan dan
dikonfirmasi hasilnya . Hal itu dinamai untuk menghormati Glenn Seaborg .

Bohrium
Nomor atom : 107
Simbol kimia : Bh
Grup VII B A transactinide

Pada tahun 1981 , penciptaan unnilseptium diumumkan oleh fisikawan yang bekerja di
Darmstadt , Jerman pada GSI . Tim mengusulkan nama nielsbohrium setelah Neils
Bohr . Klaim penelitian mereka dikonfirmasi pada tahun 1992 oleh IUPAC . Pada tahun
1997 , mereka berganti nama menjadi Bohrium .

HASSIUM
Nomor atom : 108
Simbol kimia : Hs
Grup VIII B A transactinide

Pada tahun 1984 sebuah tim yang dipimpin oleh Peter Ambruster dan Gottfried Munzenberg mengumumkan penemuan unniloctium , unsur 108 . Ini adalah tim yang sama yang telah disintesis Bohrium . Nama mereka diusulkan adalah hassium setelah haasia nama Latin untuk negara Hesse Jerman . Pada tahun 1992 IUPAC mengkonfirmasi temuan dan nama . Sifat kimia dan fisik tidak diketahui .

Meitnerium
Nomor atom : 109
Simbol kimia : Mt
Grup VIII B A transactinide

Pada tahun 1982 , tim Darmstadt mengumumkan penemuan elemen 109 dengan membombardir bismut 209 dengan besi energi tinggi 58 ion . Luar biasa karena tampaknya hanya 3 atom diciptakan dan mereka membusuk dalam hitungan 3,4 seperseribu detik . Mereka mengusulkan untuk nama itu setelah Lise Meitner yang tinju dijelaskan fisi nuklir bersama dengan Otto Hahn .

UNUNNILIUM
Nomor atom : 110
Simbol kimia ; Uun
Grup VIII B A transactinide

Setelah hampir 10 tahun ilmuwan internasional yang bekerja di GSI di Jerman berhasil menciptakan empat atau lima atom dari elemen baru 110 . Menggunakan akselerator besar untuk mendorong atom nikel untuk kecepatan tinggi mereka dibombardir foil tipis timbal dengan atom-atom yang bergerak cepat dari nikel . Unsur baru dengan cepat selain istirahat dan meluruh menjadi atom yang lebih ringan . Hal ini terdeteksi oleh 4 partikel alfa itu memancarkan selama proses pembusukan .

Unununium
Nomor atom : 111
Simbol kimia : Uuu
Grup IB A transactinide

Sifat kimia dari unsur 111 yang tidak diketahui . Seperti terletak pada kolom yang sama seperti emas dan perak itu diduga logam . Setelah mempercepat atom nikel untuk kecepatan tinggi peneliti Jerman dibombardir bismut dengan atom nikel yang bergerak cepat ini . Identifikasi elemen ini sangat penting karena mendukung teori bahwa ada sebuah ' pulau stabilitas ' untuk elemen dekat dengan elemen 114 . Unsur memiliki waktu paruh sekitar 8 kali lipat dari ununnilium .

UNUNBIIUM
Nomor atom : 112
Simbol kimia : Uub
Kelompok II B A transactinide

Pada Februari 9,1996 GSI di Jerman mengumumkan pembentukan elemen 112 semua kredit untuk tim internasional di bawah Peter Ambruster . Mereka membombardir atom seng yang telah dipercepat hingga kecepatan tinggi dengan bergerak cepat peluru timah . Selama tabrakan atom seng berhasil menyatu dengan atom timah .

UNUNQUADIUM
Nomor atom : 114
Simbol kimia : Uuq
Grup IB A Transcatinide

Pada tahun 1999 sebuah tim ilmuwan pada sendi Institut Riset Nuklir di Rusia mengumumkan pembentukan logam ultra- berat baru . Tim dimanfaatkan siklotron untuk membombardir plutonium 244 dengan sinar kalsium 48 inti . Setelah sekitar 40 hari dari pemboman , inti calicium dengan 20 proton menyatu dengan plutonium inti dengan 94 proton menghasilkan elemen dengan 114 proton . Meskipun tidak stabil itu selamat waktu yang relatif lama .

Tekad untuk menemukan jawaban tersembunyi alam belum mereda . Pencarian tetap untuk pencarian pernah melanjutkan untuk elemen superheavy baru . Kekuatan pendorong di belakang upaya ini adalah mencari pengetahuan yang akan memulai bidang baru kaya studi tentang sifat nuklir dan kimia dari unsur-unsur .

Ada juga motivasi yang lebih utilitarian untuk mencari unsur-unsur yang membentuk pulau stabilitas . Banyak ilmuwan percaya misalnya bahwa unsur-unsur baru akan membentuk bahan yang tidak biasa dengan sifat eksotis yang belum pernah terlihat . Jawaban yang dicari dalam upaya ini sangat penting mendasar bagi pemahaman kita tentang alam semesta .

www.ingramcontent.com/pod-product-compliance
Lightning Source LLC
Chambersburg PA
CBHW070726180526
45167CB00004B/1639